NOUVELLES RECHERCHES

SUR LES GAZ

APPLICATIONS

(VOLUMES SPÉCIFIQUES, DISSOCIATION, CHALEURS SPÉCIFIQUES,
ÉQUIVALENT MÉCANIQUE DE LA CALORIE, ETC.),

PAR

A. LEDUC,

Maître de Conférences à la Faculté des Sciences de Paris,

PARIS,

GAUTHIER-VILLARS, IMPRIMEUR-LIBRAIRE

DE L'ÉCOLE POLYTECHNIQUE, DU BUREAU DES LONGITUDES,

Quai des Grands-Augustins, 55.

1899

SUR LES GAZ.

NOUVELLES RECHERCHES

SUR LES GAZ

APPLICATIONS

(VOLUMES SPÉCIFIQUES, DISSOCIATION, CHALEURS SPÉCIFIQUES,
ÉQUIVALENT MÉCANIQUE DE LA CALORIE, ETC.),

PAR

A. LEDUC,

Maître de Conférences à la Faculté des Sciences de Paris,

PARIS,

GAUTHIER-VILLARS, IMPRIMEUR-LIBRAIRE

DE L'ÉCOLE POLYTECHNIQUE, DU BUREAU DES LONGITUDES,

Quai des Grands-Augustins, 55.

1899

NOUVELLES RECHERCHES

SUR LES GAZ.

I.

DENSITÉS DES VAPEURS ET VOLUMES SPÉCIFIQUES. CAS DES VAPEURS SATURANTES.

Indépendamment des déterminations de diverses données numériques auxquelles j'ai donné tous mes soins, mes recherches antérieures sur les gaz ([1]) peuvent se résumer dans les quelques lignes suivantes :

J'ai remplacé la formule bien connue dite des *gas parfaits* ($pv = \mathrm{RT}$) par une autre applicable aux gaz réels

$$\mathrm{M}\,pv = \mathrm{RT}\varphi$$

qui fait intervenir le principe d'Avogadro-Ampère comme loi limite. La constante R est la même pour tous les gaz ; sa valeur est 8313.10^4.C.G.S. si l'on prend pour l'oxygène $\mathrm{M} = 32$, et si l'on compte les températures à partir de $-273^\circ,2$ C.

La fonction φ, qui a reçu, par abréviation, le nom de *volume moléculaire*, ayant été déterminée empiriquement en étudiant un certain nombre de gaz dans certaines conditions a été généralisée au moyen du principe des états correspondants. On en déduit, par des calculs faciles, les diverses données thermométriques des gaz, telles que

$$\alpha = \frac{1}{v}\frac{\partial v}{\partial t}, \qquad \beta = \frac{1}{p}\frac{\partial p}{\partial t}, \qquad \mu = -\frac{1}{v}\frac{\partial v}{\partial p}.$$

([1]) *Recherches sur les gaz;* extrait des *Annales de Chimie et de Physique,* 7e série, t. XV, p. 91; 1898.

J'ai montré, en particulier, que l'on peut calculer les volumes moléculaires, et, par suite, les volumes spécifiques et les densités par rapport à l'air des gaz et vapeurs dans des conditions variées au moyen des formules

$$\varphi = \frac{10^4 - y}{10^4 + (c-1)z + (c-1)^2 u},$$

$$v = \frac{RT}{Mp}\,\varphi,$$

$$D = \frac{1}{28,973}\,\frac{M}{\varphi},$$

y, z et u étant des fonctions empiriques de l'inverse γ de la température réduite, et $c = 76$ fois la pression réduite.

Avant de passer à plusieurs applications que j'avais en vue, je me suis proposé de savoir jusqu'à quel point la première formule, établie entre des limites assez étroites, pouvait être extrapolée.

Je me suis adressé tout d'abord à l'*éther*, qui appartient notoirement à la *série normale*. Mais, à la suite de difficultés dont j'avais fait part à MM. W. Ramsay et S. Young, ce dernier m'a engagé à examiner particulièrement l'*isopentane*, qu'il a étudié lui-même en collaboration avec M. Thomas ([1]), et qui lui a donné des résultats d'une grande netteté. C'est donc par ce corps que je commencerai cet exposé.

1. — ISOPENTANE.

Les données critiques de ce corps sont, d'après les auteurs précités,

$$\theta = 187°,8; \qquad \pi = 32^{\text{atm}},92.$$

J'ai admis qu'il appartenait à la série normale; cette hypothèse est justifiée par les résultats qui vont suivre.

([1]) *Proceedings of the R. Soc. of London*, 1894-95, p. 634 et 663.

Parmi les isothermes, déterminés avec un grand soin, j'ai choisi ceux qui correspondent aux températures 5o° et 1oo°; j'en extrais seulement quelques nombres.

Dans le Tableau ci-après les pressions p sont comptées en centimètres de mercure, les volumes spécifiques en centimètres cubes, et l'écart de ceux-ci (observé—calculé) en millièmes.

J'y ai inscrit aussi les éléments du calcul de φ en dix-millièmes.

	$p.$	$e.$	$(e-1)z.$	$(e-1)^2 u.$	$\varphi.$	$v.$ calculé.	$v.$ observé.	Différence.	Écart pour 1000.
$t = 50°$ $\begin{cases} \chi = 1{,}426. \\ y = 166. \end{cases}$	21,97	0,667	— 56	1	9888	1257	1257	0	0
	32,72	0,994	— 1	0	9835	839,8	841,0	1,2	1,4
	60,72	1,844	+143	7	9688	445,8	446,2	0,4	1
	73,38	2,229	208	15	9620	366,3	367,1	0,8	2,2
	90,3	2,743	295	30	9525	294,7	295,6	0,9	3
	134,8	4,095	524	94	9254	192,0	193,0	1	5
$t = 100°$ $\begin{cases} \chi = 1{,}235. \\ y = 96. \end{cases}$	26,13	0,794	— 20	0	9924	1225,0	1223,5	—1,5	— 1,2
	50,13	1,523	+-51	2	9851	633,9	633,3	—0,6	— 1
	82,51	2,506	146	13	9749	381,2	380,5	—0,7	— 1,8
	86,0	2,612	157	15	9735	365,2	365,0	—0,2	— 0,6
	146,2	4,441	334	69	9529	210,3	210,4	+0,1	+ 0,5
	212,0	6,440	528	172	9256	140,8	142,1	+1,3	+ 9
	238,9	7,257	608	227	9141	123,4	124,9	+1,5	+12

Il faut d'abord observer que, vu la petitesse des volumes à mesurer (¹), et malgré tout le soin apporté à leurs expériences, les auteurs ne peuvent garantir l'exactitude de leurs nombres à $\frac{1}{1000}$ près. On en trouve de nombreuses preuves dans leurs Tableaux.

Les seuls écarts qui méritent de fixer l'attention sont donc le dernier de la première série et les deux derniers de la seconde. La *marche* de l'écart dans la première série pourrait être imputée en grande partie à une erreur systématique, d'ailleurs très faible, dans la mesure des volumes ou de la température. Mais il n'en est pas de même de la seconde, puisque l'écart absolu passe graduellement de $-1,5$ à $+1,5$.

Une part de l'erreur revient donc très probablement aux formules, et cela ne doit pas nous surprendre. En effet, les limites entre lesquelles nous avons étudié la compressibilité des gaz correspondent à peu près à $c = 1$ et $c = 2$, et nous appliquons ici les formules obtenues au delà de $c = 7$.

En résumé, l'application que nous venons de faire suppose que les formules trouvées en étudiant en particulier les anhydrides sulfureux et carbonique entre 1 et 2 atmosphères à 16° sont applicables au premier jusqu'à 4 atmosphères (première partie du Tableau : $y = 166$) et au second jusqu'à 7 atmosphères (seconde partie : $y = 96$ se rapporterait à CO^2 un peu au-dessous de 0°).

Ainsi que je l'ai fait remarquer dès le début, ce ne serait là qu'un heureux effet du hasard. Il est certain, en effet, que, d'une part, le terme en u est assez mal déterminé, et que, d'autre part, il conviendrait d'employer dans ces

---

(¹) Le poids de matière employé dans ces expériences était de $0^{gr},037$, de sorte qu'à une erreur absolue très faible dans la pesée correspond une erreur importante sur le volume spécifique, constante d'ailleurs pour une même série de lectures, mais variant chaque fois que l'on recharge le piézomètre.

D'autre part une erreur d'une unité sur le volume spécifique correspond à une erreur de $3_{\overline{7}}^{mm}$ seulement sur le volume observé.

conditions une formule de compressibilité à trois termes (le troisième terme serait < 0). Mais l'épreuve ci-dessus montre que pour $\chi \leqq 1,25$, nos formules extrapolées jusqu'à $c = 5$ donnent les volumes spécifiques avec une erreur de l'ordre du millième seulement. Ce résultat paraîtra sans doute intéressant si l'on pense aux soins méticuleux dont il faut s'entourer pour atteindre expérimentalement la même précision.

2. ÉTHER.

1° *Expériences de MM. W. Ramsay et S. Young.* — Considérons maintenant l'éther qui a été l'objet d'une longue étude de la part de MM. Ramsay et S. Young, et dont les données critiques sont, d'après ces savants : $\theta = 194°$, $\pi = 35^{atm},65$.

J'emprunterai tout d'abord quelques nombres à leurs Tableaux relatifs aux isothermes à 50° et 100° [1].

Isotherme à 50°.

$p.$	v		Différence.	Écart pour 1000.
	calculé.	observé.		
90	288,2	286,3	— 1,9	— 6,6
100	257,9	256,4	— 1,5	— 5,8
110	233,1	231,7	— 1,4	— 6,0
120	212,3	211,0	— 1,3	— 6,1
127,6	198,8	196,9	— 1,9	— 9,5

Le résultat de la comparaison est ici beaucoup moins satisfaisant que dans le cas de l'isopentane à la même température. L'écart est d'ailleurs en sens contraire, ce qui ne permet pas de l'imputer aux formules. Mais il faut remarquer que le volume occupé par la vapeur dans le piézomètre n'est que de *un centimètre cube* environ

---

[1] *Philos. Transact.*, vol. CLXXVIII, p. 77 et 85; 1887. Les nombres du premier Tableau correspondant à la température 50° sont relevés par les auteurs sur l'isotherme. L'écart des nombres expérimentaux par rapport à cet isotherme reste inférieur à $\frac{1}{1000}$.

($0^{cc},7$ à $1^{cc},1$). L'écart sensiblement constant des quatre premiers nombres doit être attribué sans hésitation à une erreur de $0^{mgr},03$ sur la pesée, ce qui correspond à 5^{mmc} ou 6^{mmc} sur le volume observé.

Le dernier nombre, qui d'ailleurs est moins bien déterminé expérimentalement, présente un écart supplémentaire de 3 à 4 millièmes que l'on peut attribuer à une liquéfaction partielle au contact des parois (variable d'une expérience à l'autre suivant que l'équilibre de température est plus ou moins bien établi), au voisinage immédiat de la saturation.

Isotherme à 100°.

$p.$		v		Différence.	Écart pour 1000.	$c.$
		calculé.	observé.			
289,3		97,38	97,51	0,13	1,1	8,11
297,8		91,21	91,63	0,42	4,3	8,35
354,6		77,01	77,34	0,33	5,5	9,95
394,6		67,68	68,56	0,88	13	11,07
443,4		58,64	59,84	1,20	20	12,44
482,0		52,78	54,06	1,28	24	13,52

Bien que la pesée et la mesure des volumes présentent ici la même difficulté que dans le cas précédent ($0^{cc},66$ à $1^{cc},2$), il n'est pas douteux que l'écart provienne, du moins en majeure partie, de l'extrapolation de mes formules. Il est même probable, en raison des observations faites sur l'isopentane et l'isotherme de l'éther à 50°, que l'erreur des formules a été partiellement couverte par une erreur expérimentale, notamment en ce qui concerne le premier nombre ci-dessus. Peut-être conviendrait-il d'ajouter $\frac{6}{1000}$ à cette erreur.

Quoi qu'il en soit, notons que, pour $c = 8$, l'erreur par défaut n'atteint pas 1 pour 100.

Remarque. — Isotherme à 140°. — Je disais plus haut que l'écart uniforme de $\frac{6}{1000}$ pouvait être dû à une erreur très faible dans la pesée. Voici, en effet, un extrait d'un Tableau publié plus récemment par MM. Ramsay, Rose-Innes et Perman, à l'appui de vues théoriques ([1]).

$p.$	$v.$	$pv.$	$p.$	$v.$	$pv.$
458,6	67,29	3086	872,5	31,81	2775
507,0	58,26	2954	948,7	28,39	2693
564,9	52,88	2987	991,2	26,65	2642
639,4	45,82	2930	1037,3	24,92	2585
679,8	42,31	2876	1089,8	23,00	2506
729,0	38,81	2829	1155,0	21,20	2449
783,0	35,34	2767	1161,8	20,90	2428

Si l'on porte en abscisses les pressions et en ordonnées les produits pv, on constate que les points fournis par chacune des moitiés de ce Tableau (à l'exception du deuxième) se placent assez convenablement, comme le montre la figure ci-après, sur deux tronçons de courbe qui ressemblent grossièrement à deux droites parallèles, mais que l'écart de ces deux lignes correspondant à l'abscisse pour laquelle elles devraient se raccorder et se prolonger mutuellement (8^m à $8^m,5o$ de mercure, soit 11^{atm} environ) est à peu près $\frac{4}{5o}$ de l'ordonnée moyenne en ce point.

On expliquerait cette anomalie en admettant qu'un tube piézométrique s'étant rompu sous la pression de 11^{atm}, on l'eût remplacé par un autre, et que l'on eût commis, soit sur le poids de liquide introduit, soit sur la capacité, l'erreur énorme de $\frac{1}{3o}$.

Je n'ai calculé que le volume spécifique correspondant à la pression la plus faible, et j'ai trouvé $v = 66,91$, dont l'écart avec le nombre expérimental est inférieur à $\frac{8}{1000}$, bien que σ soit voisin de 13.

Conformément à ce qui précède, l'erreur est d'autant moins grande, pour une même valeur de σ, que la température est plus élevée, c'est-à-dire que χ est plus faible (ici, $\chi = 1,13$).

([1]) *Philos. Transac, A.* 1897, vol. CLXXXIX, p. 177. — *Adiabatic relations of ethyl-oxyde*, p. 167-188.

2° *Expériences de M. Pérot* (¹). — J'avais cherché, dès l'abord, à contrôler mes formules au moyen des don-

Fig. 1.

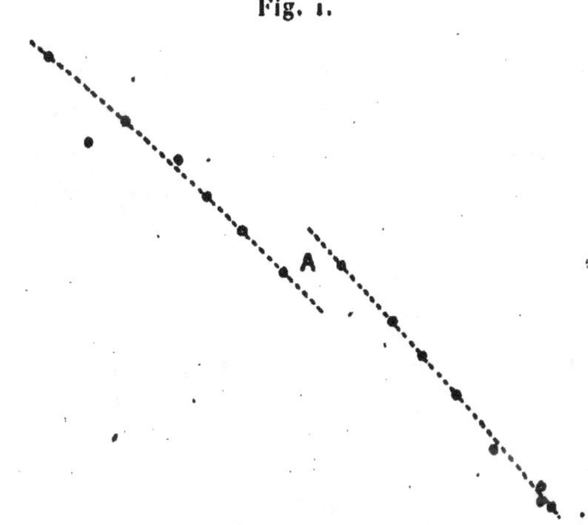

$pv = f(p)$ pour l'éther à 140°, d'après MM. Ramsay et Young.

nées de M. Pérot, dont les méthodes m'avaient paru aussi sûres qu'élégantes. La vapeur d'éther a été l'objet de sa part d'une étude particulièrement étendue.

Il trouve qu'à 31°,70, par exemple, la force élastique maximum de cette vapeur est 67^{cm},9 et son volume spécifique 375^{cc},1.

L'application de mes formules donne 361^{cc},7 : l'écart est donc de $\frac{37}{1000}$! Il est en sens contraire de celui auquel donnerait lieu une exagération de la compressibilité au voisinage de la liquéfaction.

Or les comparaisons qui précèdent montrent que, dans ces conditions ($e = 1,9$, $\gamma = 1,53$), l'erreur de mes formules n'atteint que $\frac{2}{1000}$ ou $\frac{3}{1000}$ tout au plus. Le nombre expérimental comporte donc une erreur d'environ $\frac{33}{1000}$.

Remarquons d'ailleurs que, pour que le nombre de M. Pérot fût exact, il faudrait que la vapeur saturante d'éther, à 31°,7, fût aussi peu éloignée de l'état gazeux

---

(¹) *Thèse de doctorat*, 1887, et *Annales de Chimie et de Physique*, 6° série, t. XIII, p. 145.

parfait que l'anhydride carbonique à $0°$ ($\varphi = 0,9931$, au lieu de $0,9934$ pour CO_2 à $0°$). Cela suffit à faire douter de ce nombre.

C'est donc grâce à la compensation fortuite de cette erreur par une ou plusieurs autres du même ordre de grandeur (total : 3 pour 100 au moins) que ce physicien est arrivé à une valeur presque exacte de l'équivalent mécanique de la calorie.

3. SULFURE DE CARBONE.

M. Pérot a déterminé aussi le volume spécifique de la vapeur saturante du sulfure de carbone. D'après lui, la force élastique maximum de cette vapeur à $84°,6$ est $233^{cm},5$, et le volume spécifique $116,3$.

Mes formules, appliquées en prenant pour les données critiques $\theta = 275°,5$ et $\pi = 76^{atm},4$, donnent $116,0$. L'écart est ici très faible, dans le sens prévu, et de grandeur convenable d'après ce qui précède ($e = 3$, $\chi = 1,53$).

Cet autre résultat de M. Pérot est donc approché à moins de $\frac{1}{1000}$ près, si, comme je l'ai supposé implicitement, le sulfure de carbone appartient à la même série que l'anhydride carbonique, l'isopentane et l'éther (série normale), et si les données critiques ci-dessus sont à peu près exactes.

4. VAPEUR D'EAU.

1° *Expériences de M. Pérot.* — D'après le même auteur, le volume spécifique de la vapeur d'eau saturante est, à $99°,60$: 1657^{cc} ($F_{max} = 74^{cc},92$).

Je trouve, en admettant que cette vapeur appartient à la série normale, et en prenant pour données critiques $\theta = 365°$, $\pi = 200^{atm},5$: $\nu = 1700^{cc}$.

L'écart est de $\frac{25}{1000}$ environ, en sens contraire du précédent. L'erreur des formules dans ces conditions ($e = 0,375$, $\chi = 1,712$) ne peut être que d'un très petit nombre de millièmes, et probablement dans le sens opposé.

On pourrait supposer, il est vrai, que la vapeur d'eau

n'appartînt pas à la série normale, et qu'elle fût beaucoup plus compressible que les gaz de cette série. Mais cette hypothèse est controuvée par les observations suivantes.

2° *Expériences de Regnault.* — Regnault a déterminé la densité de la vapeur d'eau par rapport à l'air, à la saturation et au voisinage de la saturation. Voici un extrait de ses Tableaux :

			D.		Écart
t.	p.	F maximum.	calculé.	observé.	pour 1000.
30,82	3,214	3,214	0,6197	0,6470	— 42
31,54	3,324	3,446	0,6198	0,6279	— 13
45,78	3,522	7,443	0,6210	0,6200	+ 1,6
55,41	3,623	11,984	0,6215	0,6208	+ 1,1

L'écart des deux derniers nombres peut être jugé insignifiant; il peut tenir aussi bien aux erreurs expérimentales qu'à l'imperfection des formules. En conséquence, on ne saurait attribuer à cette dernière cause les deux premiers écarts, dont l'un est énorme!

Il est impossible d'invoquer la polymérisation; car il faudrait admettre que ce phénomène, très important pour la vapeur saturante, quelle que soit la température, s'évanouit rapidement pour peu qu'on élève celle-ci ou qu'on diminue la pression.

Les nombres de Cahours (pression constante voisine de 76^{cm}) donnent lieu à une observation semblable.

Il ne serait guère plus raisonnable d'admettre que la compressibilité de la vapeur d'eau, normale jusqu'au voisinage de la saturation, s'exagérât brusquement dans un intervalle de quelques millimètres de mercure.

Étant donné que rien de semblable ne se produit avec le sulfure de carbone, l'éther ou l'isopentane, la seule explication plausible est, à mon sens, celle-ci : à mesure qu'on approche de la saturation, dans son voisinage immédiat, il se produit une condensation de nature chimique, c'est-à-dire une absorption d'eau par les alcalis et autres produits de décomposition du verre.

3° Expériences de Fairbairn et Tate. — Il est évident que, d'après cela, l'erreur doit dépendre de la qualité du verre et être proportionnelle, à égalité de température, au rapport de la surface du récipient au poids de vapeur qu'il contient. Voici quelques nombres de Fairbairn et Tate d'après lesquels l'écart des volumes spécifiques calculés et observés (vapeur saturante) serait à peu près proportionnel à la masse spécifique de la vapeur :

		v			
		calculé.	observé.	Différence.	Écart pour 1000.
t.	p.				
86,85	46,57	2651	2620	— 31	— 12
117,50	138,2	959	930	— 29	— 30
130,67	207,5	656	634	— 22	— 34
140	271,8	510	483	— 27	— 53

Toutefois, cette observation ne se trouve point confirmée par une série de nombres que j'ai empruntés à la Table de Zeuner.

A 100°, l'écart serait moindre que celui de l'expérience de M. Pérot.

4° Conclusion. — En résumé, il existe un très grand désaccord entre les données relatives à la vapeur d'eau saturante. Les ingénieux artifices employés par M. Pérot n'ont pas suffi à résoudre la difficulté, ce qui n'est pas bien surprenant si l'on accepte l'explication donnée plus haut.

Le volume spécifique de la vapeur d'eau saturante n'est connu expérimentalement qu'à plusieurs centièmes près (par excès) en général. Mes formules le donnent avec une approximation bien supérieure.

II.

VAPEURS ANOMALES. DISSOCIATION ET POLYMÉRISATION.

La variation de la densité d'un gaz ou d'une vapeur avec la température et la pression peut être attribuée à deux sortes de causes : les unes d'ordre physique, les autres d'ordre chimique. Il nous est facile, à présent, de discerner nettement le phénomène chimique, s'il existe, et d'en donner assez exactement la mesure lorsqu'on connaît la température et la pression critiques du corps examiné et le groupe auquel il appartient.

Nous savons, en effet, calculer la densité D que devrait avoir le gaz à T° sous la pression p, en l'absence de toute altération chimique. Si la densité expérimentale est nettement inférieure à D, il y a dissociation; si elle est supérieure, il y a polymérisation. Toutefois cette méthode d'investigation ne s'applique pas au cas où le phénomène se produirait sans changement de volume (gaz formés sans contraction, par exemple).

De la comparaison entre les densités expérimentale et calculée, on déduit aisément le coefficient de dissociation ou de polymérisation, c'est-à-dire la fraction dissociée ou polymérisée, si l'on connaît bien les produits de la réaction. Remarquons cependant que le calcul n'est rigoureux qu'autant que la densité du gaz polymère est un nombre *entier* de fois celle du gaz non polymérisé ou qu'elle est à celle-ci dans un rapport simple ($\frac{3}{2}$ par exemple).

Des comparaisons de cette nature ont été effectuées maintes fois par divers auteurs, mais en remplaçant la *densité calculée* par la densité dite *théorique*, obtenue en multipliant celle de l'hydrogène par la moitié du poids moléculaire du gaz considéré ([1]).

Or il est clair qu'une densité expérimentale supérieure à la densité théorique (ce qui est le cas général) ne décèle nullement la polymérisation; la comparaison des densités théorique et expérimentale ne peut donc conduire qu'à des résultats inexacts, que l'on ne saurait invoquer utilement à l'appui ou à l'encontre d'une formule quelconque établie théoriquement.

([1]) Cette densité est voisine de celle que donnent nos formules pour la température τ° à laquelle le gaz suit la loi de Mariotte. Il faut remarquer qu'elle n'est pas, comme on l'enseigne généralement, une limite inférieure de la densité.

L.

C'est à quoi je pense avoir remédié. Je vais examiner trois cas particuliers.

1. DISSOCIATION PRÉSUMÉE DU CHLORE AUX TEMPÉRATURES ÉLEVÉES.

M. V. Meyer avait annoncé que la molécule du chlore subissait une dissociation très importante aux températures élevées. Plus tard, M. Crafts, tout en admettant l'existence de cette dissociation, l'a déclarée plus faible.

J'ai comparé, dans le Tableau suivant, toutes les déterminations parvenues à ma connaissance avec les nombres calculés au moyen de mes formules, et en tenant compte de ce que le chlore appartient à la troisième série. J'ai conservé la quatrième décimale bien que l'erreur puisse atteindre une unité sur la précédente.

t°.	D calculé.	Friedel et Crafts [1].		Jahn [2].	Crafts [3].	V. Meyer [3].
		1re série.	2e série.			
0	2,4913	»	»	»	»	»
19,7	2,4812	2,479	»	»	»	»
21	2,4807	»	»	2,4819	2,471	»
21,6	2,4805	»	2,458	»	»	»
23	2,4800	2,475	»	»	»	»
100	2,4615	»	»	2,4685	»	..,50
200	2,4540	»	»	2,4515	»	»
357	2,4507	2,451	»	»	2,449	»
440	2,4500	»	2,448	»	»	»
900	2,4485	»	»	»	»	2,41 à 2,49
1200	2,4484	»	»	»	»	2,41 à 2,45
1400	2,4483	»	»	»	2,02	»

On voit que, jusqu'à 440° la dissociation est nulle ou inappréciable.

---

[1] Le chlore, préparé par la réaction de l'acide chlorhydrique sur le bichromate de potassium (1re série), paraît plus pur que celui obtenu au moyen du bioxyde de manganèse (2e série). Peut-être la pyrolusite, quoique lavée à l'acide chlorhydrique, a-t-elle dégagé un peu d'anhydride carbonique (*Comptes rendus*, t. CXVII, p. 302; 1888).

[2] La formule *linéaire* proposée par M. Jahn ne saurait convenir (*Wiener Akademie Berichte*, 2e série, t. LXXXV, p. 778).

[3] *Dictionnaire de Würtz*, 2e Supplément, p. 1083.

Les nombres de M. V. Meyer, bien que trop peu concordants, semblent indiquer qu'il en est encore de même à 900° et à 1200°. Seul, le nombre de M. Crafts à 1400°, indiquerait une dissociation importante; mais, bien que les connaissances acquises relativement au brome et à l'iode nous portent à croire que ce phénomène existe réellement, il nous paraîtrait téméraire de considérer son existence comme établie par cette expérience isolée.

2. DISSOCIATION DE L'HYPOAZOTIDE.

Tandis que la densité du chlore varie jusqu'à une température très élevée conformément à la loi des états correspondants, la variation de celle de l'hypoazotide ne peut s'expliquer que par l'intervention d'un phénomène chimique. Nous admettrons, avec la plupart des chimistes, que la molécule se dédouble progressivement, soit qu'on élève la température ou qu'on diminue la pression, en donnant naissance au peroxyde d'azote, conformément à la formule

$$Az^2O^4 = 2AzO^2.$$

Je me suis proposé d'étudier la marche de ce phénomène d'après les expériences de MM. Natanson ([1]). Mon premier soin a été de chercher à représenter par des courbes la densité de cette vapeur en fonction de la pression pour chacune des températures auxquelles une série d'expériences a été exécutée.

Or, malgré le soin qui paraît avoir été apporté à ces expériences, leur difficulté est telle que les points qui correspondent aux faibles pressions ($p < 10^{cm}$ de mercure, par exemple), pour les températures moyennes, forment des constellations trop diffuses pour qu'on puisse les utiliser.

Quant aux observations faites au-dessus de 100°, leurs difficultés se traduisent par une incohérence encore plus

---

([1]) *Annalen d. Phys. und Ch.*, 2ᵉ série, t. XXVII, p. 614; 1886.

grande des résultats, de sorte que la comparaison indivi-
duelle des densités observées avec la densité *théorique* est
doublement dénuée de sens.

Il est donc nécessaire, avant de dessiner une courbe
de densités à température constante, d'après ces expériences, de déterminer l'allure qu'aurait cette courbe si la
polymérisation n'intervenait pas. Il est clair que la courbe
expérimentale doit se confondre avec celle des densités
calculées de AzO^2 si la dissociation est complète à la température envisagée, quelle que soit la pression, et qu'elle
doit, dans le cas contraire, se tenir au-dessous de celle-ci,
et s'en éloigner progressivement à mesure que la pression augmente.

Une difficulté particulière se présente ici : la température critique de ce corps est 171° d'après M. Nadejdine;
mais sa pression critique n'a pas encore été déterminée.
D'autre part, l'existence même de la polymérisation nous
empêche de savoir à quelle série il appartient. Mais, après
quelques essais, j'ai reconnu que l'ensemble des expériences aux températures élevées s'accommode bien de
la double hypothèse suivante : le peroxyde d'azote appartient à la série normale, et il a pour pression critique
130^{atm} environ.

J'ai calculé, d'après cela, les densités (d) de ce corps
(AzO^2) à diverses températures, et pour quelques pressions comprises entre les limites expérimentales ou fort
peu éloignées de celles-ci, et je les ai rapprochées, dans le
Tableau ci-après, des densités expérimentales (D) soit directement observées, soit obtenues au moyen des courbes
dont je parlais plus haut.

J'en ai déduit ensuite la proportion des molécules *géminées* et la fraction f de substance polymérisée en admettant que la densité de Az^2O^4 est exactement double de
celle de AzO^2. Il suffit d'écrire à cet effet

$$(1) \qquad f = \frac{2(D-d)}{D};$$

t.	p^{cm}.	d.	D observé.	f.	ϖ.	D calculé
$-$ 12,6	11,5	1,5932	2,911	0,920	0,3	»
0	11,5	1,5922	2,735	0,836	1	»
	25	1,5982	2,902	0,899		
21	58	1,6030	2,721	0,823	7,5	»
49,7	11,5	1,5910	1,820	0,252	65	1,791
	25	1,5932	1,951	0,370		1,958
	58	1,5996	2,204	0,548		2,180
73,7	11,5	1,5902	1,660	0,081	275	1,653
	25	1,5917	1,720	0,149		1,715
	58	1,5960	1,838	0,263		1,838
99,8	11,5	1,5896	1,615	0,031	1072	1,605
	25	1,5908	1,632	0,050		1,626
	58	1,5940	1,672	0,093		1,672
	76	1,5958	1,695	0,117		1,695
151,4	11,5	1,5890	1,5907	inappré-	∞	»
	47,5	1,5907	1,5882	ciable		
	66,6	1,5923	1,5927			
	76	1,5930	»			

J'ai conservé la quatrième décimale de la densité calculée d, bien qu'elle soit très incertaine, surtout en ce qui
concerne les premiers nombres du Tableau. Une erreur de
10^{atm} sur la pression critique altérerait de 0,0003 les densités à 151°; l'erreur serait de plus en plus grande pour
les températures inférieures. Mais cela n'a d'importance
que pour le calcul de f, et il ne faut pas se faire d'illusion
sur la précision que l'on peut se proposer utilement
d'atteindre.

On voit que la dissociation de la molécule Az^2O^1 est
complète ou à peu près complète à 151°. Toutefois les
nombres expérimentaux ne permettent pas d'en décider
avec certitude, puisque le deuxième, qui aurait dû être
intermédiaire entre les deux autres, est, en fait, le plus
petit des trois (¹).

(¹) Je me suis demandé d'abord si les densités 1,5907 et 1,5882 n'a-
vaient pas été interverties par suite d'une erreur de copie. Mais les

Application de la théorie de Gibbs.

MM. Natanson, ainsi que plusieurs autres savants, ont essayé de relier leurs résultats au moyen des formules de MM. Guldberg et Waage et de M. Gibbs, relatives à la dissociation.

De pareilles tentatives, faites au moyen de données expérimentales aussi incertaines et de la densité *théorique* (constante), ne pouvaient fournir que des indications grossières. Nous sommes en mesure de faire beaucoup mieux.

1° *Température constante.* — Si l'on désigne, en général, par α et β les volumes de deux gaz qui s'unissent pour former un volume γ d'un troisième, et par p_1, p_2, p_3 les pressions respectives que l'on attribue, d'après la loi de Dalton, aux composants et au composé dans un mélange en équilibre sous la pression $p = p_1 + p_2 + p_3$ à la température constante T, on doit avoir (formule de Guldberg et Waage)

$$\frac{p_1^{\alpha} p_2^{\beta}}{p_3^{\gamma}} = \text{const.}$$

Cette formule se réduit dans le cas présent, en vertu de l'hypothèse faite plus haut sur la densité de Az^2O^4, à

$$(2) \qquad \frac{p_1^2}{p_3} = \varpi,$$

ϖ étant une constante.

On en déduit aisément, au degré d'approximation que

---

nombres obtenus à 129°,9 présentent plus d'une incompatibilité de la même espèce. D'ailleurs 1,5882 est trop voisin de la densité dite *théorique* (1,5879), quelles que soient les données critiques de AzO^2 et le groupe auquel il appartient. En outre, la diminution de densité observée entre 66^{cm},6 et 11^{cr},8 (0,0020) est certainement trop faible; car, même en admettant pour pression critique 180^{atm}, cette diminution serait encore 0,0027.

comporte la théorie :

$$(3) \qquad \varpi = p\,\frac{(2d - D)^2}{d(D - d)},$$

$$(4) \qquad D = d\left[2 + \frac{\varpi}{2p} - \sqrt{\frac{\varpi}{2p}\left(2 + \frac{\varpi}{2p}\right)}\right].$$

J'ai inscrit dans le Tableau ci-dessus les valeurs de ϖ correspondant aux températures $\leqq 100°$, calculées au moyen de la formule (3) et de l'une des densités qui, dans chaque série, correspondent aux pressions les plus fortes. J'ai appliqué ensuite la formule (4) au calcul de quelques densités (D calculé). On voit que les nombres calculés pour les plus faibles pressions sont, en général, légèrement inférieurs aux densités expérimentales. Cela peut tenir, en partie, à ce que la densité de Az^2O^3 est plus que double de celle de AzO^2.

Quoi qu'il en soit, les quelques nombres de cette colonne montrent jusqu'à quel point la formule (4) peut fournir des renseignements utilisables.

2° *Influence de la température.* — D'après la théorie de Gibbs, la valeur de ϖ serait reliée à la température par la formule

$$(5) \qquad \log \varpi = a + b \log T + \frac{c}{T}.$$

Or, il ne paraît pas douteux, d'après le Tableau ci-dessus, que ϖ tende vers o pour une température peu inférieure à $-12°$ [1] $(T = 261)$ et non pour $T = o$, et qu'il augmente indéfiniment aux approches d'une température peu

---

[1] L'hypoazotide liquide, vers $-20°$, serait donc exclusivement formé de molécules géminées (incolores) conformément aux observations de Salet. Aux températures ordinaires, il est formé par un mélange de molécules doubles et simples dont la proportion est facile à calculer au moyen des formules (4) et (1), en remplaçant dans la première p par la force élastique maximum à la température considérée. On sait que la coloration augmente avec la proportion des molécules simples, ce qui a fait émettre autrefois cette hypothèse bizarre que « le liquide se colorait en dissolvant sa propre vapeur... ».

supérieure à 151°, peut-être la température critique : 171°.

Telle qu'elle est, la formule (5) ne rend pas compte de ces particularités. Plusieurs moyens se présentent à l'esprit pour les lui faire exprimer; mais les modifications empiriques apportées de la sorte n'auraient d'autre intérêt que de permettre le calcul plus ou moins approché de la densité D dans des conditions quelconques : la théorie n'aurait servi qu'à indiquer la forme de fonction qui pourrait convenir à cette représentation.

Conclusion. — En résumé, rien n'autorise jusqu'ici à déclarer que la théorie de Gibbs a été pleinement confirmée par les expériences de MM. Natanson, particulièrement en ce qui concerne la température; mais on peut être déjà bien satisfait de l'accord relatif des résultats, si l'on tient compte des hypothèses introduites dans la théorie et des difficultés de l'expérience, et notamment de ce que l'équilibre ne s'établit qu'au bout d'un temps généralement assez long.

Je dois insister encore, en terminant, sur l'importance, à ce point de vue théorique, du calcul de d au moyen de mes formules. MM. Natanson, en effet, partant de cette idée simpliste, mais inexacte, que l'absence de polymérisation doit être révélée par l'observation d'une densité égale à la densité théorique (constante et égale d'après eux à $1,59$) concluent que la formule de Guldberg et Waage, et par suite la théorie de Gibbs sont en désaccord avec les faits, attendu que la densité observée ne tend pas vers $1,59$ lorsque la pression tend vers zéro, quelle que soit la température.

Cette conclusion erronée tient d'une part à ce qu'ils ont prolongé leurs courbes vers l'axe des ordonnées au travers de constellations de points très vagues, ainsi que je le faisais remarquer au début, et d'autre part à la considération de cette densité théorique constante, au lieu de la densité calculée d, qui dépend de la température et de la pression.

3. POLYMÉRISATION DE LA VAPEUR D'ACIDE ACÉTIQUE.

Je ne me propose nullement d'examiner toutes les vapeurs dites *anomales;* mais j'ai été conduit à étudier sommairement la vapeur acétique pour la raison suivante.

Si l'on introduit la notion de volume moléculaire dans la théorie de Van t'Hoff, relative à l'abaissement de la force élastique maxima de la vapeur émise par les liquides sous l'influence des corps dissous, on arrive aisément à ce résultat que « le quotient limite de l'abaissement relatif $\frac{\delta F}{F}$ par le nombre de molécules dissoutes dans 100 molécules du mélange a pour valeur $\frac{i}{\varphi}$, i étant le coefficient isotonique de la dissolution et φ le volume moléculaire de la vapeur saturante du dissolvant ».

D'après les expériences de M. Raoult relatives aux dissolutions de divers corps dans l'acide acétique, le quotient limite serait égal à 1,64, les nombres dont celui-ci est la moyenne restant compris entre 1,60 et 1,66.

D'autre part, ce savant, considérant que ce nombre 1,64 est à peu près égal au rapport de la densité de la vapeur saturante d'acide acétique sous la pression atmosphérique (3,35) à sa densité théorique (2,08), en conclut que le coefficient isotonique des solutions acétiques très diluées est égal à l'unité.

Or, d'un côté, ni les expériences de Cahours, ni celles de Hortsmann, ne permettent de prendre 3,35 pour densité de la vapeur saturante à 118°,5, et d'ailleurs la densité de cette vapeur en général est donnée par le quotient $\frac{2,0725}{\varphi}$, c'est-à-dire que la densité théorique serait 2,0725.

Je me suis proposé d'examiner le bien fondé de la conclusion de M. Raoult, et j'en ai profité pour suivre la polymérisation de cette vapeur à mesure qu'elle s'approche de la saturation.

J'ai donc calculé comme précédemment la valeur de φ, puis la densité d que devrait avoir cette vapeur sous la pression atmosphérique et à diverses températures, s'il n'y avait point polymérisation; supposant ensuite avec M. Raoult que ce phénomène consistait en une *gémination*, et que la densité des molécules doubles était exactement double de celle des molécules simples, j'ai calculé, au moyen de la formule (1), la fraction f de substance polymérisée. Voici les résultats auxquels conduisent les données de Cahours :

t.	$10^6.\varphi$.	d.	D.	f.
125 ...	9731	2,130	3,194	0,666
130 ...	9745	2,127	3,105	0,630
140 ...	9770	2,121	2,898	0,536
150 ...	9790	2,117	2,750	0,460
190 ...	9853	2,103	2,378	0,232
220 ...	9882	2,097	2,170	0,068
240 ...	9898	2,094	2,090	»
250 ...	9905	2,092	2,080	»

Les deux derniers nombres de ce savant ne sauraient être admis, puisqu'ils sont nettement inférieurs aux densités calculées (1).

Voici maintenant quelques nombres de M. Hortsmann.

t°......	131°,3	160°,3	181°,7	233°,5	254°,6
D......	3,070	2,649	2,419	2,195	2,125

Aux températures inférieures, les densités de cet auteur sont légèrement plus faibles que celles de Cahours, et la fraction f serait d'après lui 0,620 (au lieu de 0,630) à 130°. Aux températures élevées l'écart est en sens con-

---

(1) Il est vrai que φ est calculé au moyen de données critiques qui peuvent être inexactes ($\theta = 321°,5$ et $\pi = 57^{atm},1$) et en supposant que le corps appartient à la série normale. Mais on trouve aisément que, quelles que soient les erreurs accumulées, la dernière densité ne peut être inférieure à 2,088.

traire, ce qui rend ces résultats acceptables, en tenant compte toutefois de certaines irrégularités.

Il n'est point aisé de dire, d'après ces deux séries d'expériences, à quelle température disparaît la polymérisation; cela pourrait être vers 235° d'après l'une, et vers 275° ou 300° d'après l'autre. Il semble, en tout cas, que ce soit avant le point critique.

Quant aux températures basses, nous voyons que f atteint 0,72 environ au point d'ébullition, à moins que le mode d'association des molécules ne soit tout autre que celui que nous avons admis. Le liquide serait donc lui-même, dans ces conditions, un mélange de molécules simples et géminées.

Revenons maintenant au calcul de M. Raoult. La densité de vapeur saturante est, d'après les expériences ci-dessus, 3,334 : ce qui revient à dire que φ a pour valeur 0,6216 environ (au lieu de 0,9712 qui correspondrait à l'absence de polymérisation). En conséquence

$$i = 1,64 \times 0,6216 = 1,02.$$

On voit que, conformément à ses conclusions, le coefficient isotonique des dissolutions acétiques très diluées est, au degré d'approximation que comportent ces expériences, égal à l'unité (0,98 à 1,04).

III.

LES CHALEURS SPÉCIFIQUES DES GAZ ET L'ÉQUIVALENT MÉCANIQUE DE LA CALORIE.

Un grand nombre de physiciens ont calculé l'équivalent mécanique de la calorie par la méthode de R. Mayer. Les résultats ont été très variés, mais en général notablement supérieurs à ceux fournis par les méthodes directes. M. Violle, par exemple, arrive au nombre $432^{\text{kgm}},5$.

Bien que cette méthode ne semble pas susceptible, actuellement, d'une grande précision, il m'a paru utile de discuter les causes d'aussi grands écarts. J'ai été conduit par là à examiner les diverses données relatives aux chaleurs spécifiques des gaz et à rechercher s'il n'existait pas entre elles un lien analogue à celui que j'ai mis en évidence entre les densités, les compressibilités ou les dilatations.

Je dois dire, dès maintenant, que la question est loin d'être résolue, et que les indications que j'ai pu fournir ne sont pas à l'abri de toute critique; mais il n'est pas sans intérêt que cette question soit nettement posée, et que les recherches soient engagées dans une voie bien déterminée.

Parmi les questions connexes, je me suis occupé en passant de la vitesse du son dans les gaz et des expériences de Thomson et Joule sur la détente des gaz dans le vide.

Équivalent mécanique.

On démontre aisément la formule bien connue

$$(1) \qquad C - c = \frac{T}{E} \frac{\partial p}{\partial t} \frac{\partial v}{\partial t}.$$

Désignons par α et β les coefficients de dilatation $\frac{1}{v} \frac{\partial v}{\partial t}$ et $\frac{1}{p} \frac{\partial p}{\partial t}$, et par μ le coefficient de compressibilité $- \frac{1}{v} \frac{\partial v}{\partial p}$, et représentons les transformations isothermes d'un gaz réel par la formule

$$(2) \qquad M\,pv = RT\varphi$$

dans laquelle p, v, T ont leur signification habituelle, M est la masse moléculaire, R une constante absolue et φ le volume moléculaire défini antérieurement. La formule (1) devient

$$(3) \qquad C - c = \frac{RT^2}{ME} \alpha\beta\varphi = \frac{R}{ME} \varphi \frac{(\alpha T)^2}{p\mu}.$$

Or, si l'on désigne par Θ et Π la température et la pression critiques du gaz, par χ et e les rapports $\frac{\Theta}{T}$ et $\frac{-6p}{\Pi}$, par y, z et u des fonctions empiriques de χ étudiées antérieurement, on a

$$(4)\qquad q = \frac{10^5 - y}{10^5 + (e-1)z + (e-1)^2 u},$$

$$(5)\qquad p\mu = 1 + \frac{e[z + 2(e-1)u]}{10^5 + (e-1)z + (e-1)^2 u},$$

$$(6)\qquad \alpha T = 1 - \frac{\chi}{q}\frac{\partial z}{\partial \chi}.$$

On a donc, en remplaçant $(C - c)$ par $C\dfrac{\gamma-1}{\gamma}$,

$$(7)\quad
\left\{
\begin{aligned}
E &= \frac{R}{MC}\frac{\gamma}{\gamma-1}\frac{10^5-y}{10^5+(2e-1)z+(3e-1)(e-1)u}\\
&\quad\times\left\{1+\chi\left[\frac{\frac{\partial y}{\partial \chi}}{10^5-y} + \frac{(e-1)\frac{\partial z}{\partial \chi}+(e-1)^2\frac{\partial u}{\partial \chi}}{10^5+(e-1)z+(e-1)^2 u}\right]\right\}^2.
\end{aligned}
\right.$$

Évaluation des erreurs. — Les termes en u, en général très faibles, sont absolument négligeables dans les applications qui vont suivre. y et z sont connues à moins d'une unité près en général. On voit donc que la somme des erreurs autres que celles sur C et γ ne peut atteindre $\frac{1}{1000}$. Ces dernières peuvent être beaucoup plus importantes. Nous allons les examiner.

1. Erreur sur C.

Il suffit de jeter un coup d'œil sur les Tableaux de Regnault pour constater que dans le cas le plus favorable (air) les nombres dont on prend la moyenne présentent un écart atteignant 1,5 pour 100. Il n'est donc pas certain que, abstraction faite de la partie constante des erreurs systématiques, on puisse compter sur la précision de $\frac{1}{200}$.

L'écart est souvent bien plus grand entre les nombres du même auteur et surtout entre ceux de deux auteurs différents, Regnault et Wiedemann par exemple. Ainsi, il atteint 4,5 pour 100 pour le gaz ammoniac et 6 pour 100 pour l'éthylène.

Il y a aussi un écart de plus de 4 pour 100 entre les *chaleurs spécifiques vraies* du gaz carbonique à 0°, d'après ces deux auteurs. Mais il faut remarquer qu'une partie de cet écart est imputable à la méthode de calcul.

Lors même que les fonctions paraboliques adoptées par ces auteurs représenteraient très convenablement (mais non exactement) les chaleurs spécifiques moyennes, les chaleurs vraies que l'on en déduit pourraient être très erronées. On sait qu'en général les dérivées des fonctions empiriques représentent beaucoup moins bien les phénomènes que ces fonctions elles-mêmes.

Notons que dans l'expression (7) C représente une chaleur vraie, et que nous aurons toujours à craindre, en conséquence, l'erreur dont je viens de parler, à moins que la chaleur spécifique ne varie pas sensiblement avec la température (gaz quasi parfait).

En ce qui concerne l'air, Regnault lui-même nous fournit le moyen de corriger une erreur systématique dont il n'a pas tenu compte (¹).

Après avoir constaté que, dans ses expériences, la détente du gaz entre le robinet régulateur (²) et l'atmosphère avait lieu pour les trois quarts dans le réchauffeur et pour un quart seulement dans le calorimètre, il recherche directement si la détente, dans ce dernier, produit une absorption de chaleur sensible.

A cet effet, il remplace le réchauffeur par un bain d'eau à une température voisine de celle du calorimètre, et opère comme pour déterminer une chaleur spécifique. Mais il

----

(¹) Cette erreur ne paraît pas avoir été signalée avant moi (*Comptes rendus* du 27 juin 1898); elle est contestée dans un Mémoire récent de M. Witkowski (*Bulletin international de l'Académie des Sciences de Cracovi,* mars 1899, p. 138).

(²) *Relation des expériences,* t. II, p. 106.

calcule, au contraire, au moyen de celle-ci déjà connue et des renseignements accoutumés, la température finale du calorimètre corrigée du refroidissement, etc.

Dans un premier essai, où 130^{gr} d'air passent en six minutes, la température du calorimètre s'élève de 0°,35 tandis que le calcul donne 0°,40. Il y a donc un déficit de 0°,05. Or, dans l'expérience correspondante (c'est-à-dire où l'on se propose réellement de déterminer la chaleur spécifique et dans laquelle la même masse d'air est débitée dans le même temps, le bain d'huile étant à 180° environ) la température s'élevait de 8°. L'effet de la détente est donc $\frac{1}{160}$ environ de la quantité mesurée.

Dans un second essai à blanc, où 163^{gr} d'air s'écoulent en sept minutes, Regnault constate un déficit de 0°,07, alors que dans l'opération correspondante l'élévation de température est de 11°,2. L'effet de la détente est donc encore de $\frac{1}{160}$.

C'est sans doute par inadvertance que Regnault déclare cet effet négligeable, puisqu'il écrit ses nombres avec cinq décimales.

Il est aisé de voir que l'importance relative de la détente est d'autant plus grande que la température du réchauffeur est plus basse([1]); mais il serait vraisemblablement illusoire d'appliquer le calcul à un phénomène aussi complexe, en ne tenant compte que de l'une des circonstances. Contentons-nous donc de majorer uniformément de $\frac{1}{160}$ les nombres de Regnault. Il en résulte que la chaleur spécifique de l'air, sensiblement indépendante de la température entre 0° et 200°, est 0,239 au lieu de 0,2375.

C'est justement le nombre trouvé par E. Wiedemann([2]). Mais il convient d'ajouter que ses résultats partiels sont

---

([1]) La valeur absolue de l'abaissement de température par suite de la détente est au contraire d'autant plus faible. La correction ci-dessus est un minimum.

([2]) *Philosop. Magazine*, 5ᵉ série, t. II, p. 94; 1876.

compris entre o,2374 et o,2414. M. Witkowski trouve o,2372.

N. B. — Il conviendrait probablement d'appliquer la même correction à la chaleur spécifique de l'oxyde de carbone.

2. Détermination de γ. Vitesse du son.

« Peut-être, dit Laplace, la vitesse du son est-elle le moyen le plus précis d'obtenir γ. »

Cette opinion me paraît confirmée par les résultats obtenus plus loin ; mais il y a deux conditions essentielles à remplir :

1° Il faut que la vitesse du son V soit déterminée dans un *gaz parfaitement desséché*, à une température bien connue et uniforme ;

2° Il importe de tenir compte, dans la formule qui lie γ à V, de l'*imperfection* du gaz, même lorsque ce gaz est l'air.

Vitesse du son dans les gaz, et particulièrement dans l'air. — Demandons-nous donc avec quelle précision la vitesse du son dans les gaz peut être considérée comme connue actuellement, et portons tout d'abord notre attention sur l'air, dont le cas est certainement le plus favorable.

Parmi les déterminations les plus parfaites se placent au premier rang celles de MM. Wüllner, Blaikley, Violle et Vautier. Ces mesures, effectuées par trois méthodes différentes, ont donné, pour la vitesse du son dans l'air sec à o°,

$$331^m,898, \quad 331^m,676, \quad 331^m,10.$$

L'accord des deux premiers nombres (dont la précision est d'ailleurs visiblement exagérée) avec le troisième est loin d'être satisfaisant, et tout résultat déduit d'une moyenne prise entre ces nombres serait dénué d'intérêt.

Les expériences de Wüllner ([1]) ont l'avantage d'avoir
été exécutées sur de l'air parfaitement desséché et à $0°$
même. Il est peu probable, d'après les renseignements
qu'il donne, que l'erreur sur le résultat atteigne $\frac{1}{1000}$. Il
est bon de dire toutefois que l'auteur, après avoir produit
les *lignes de poussière* (méthode de Kundt) à l'intérieur
d'un tube de verre placé horizontalement dans la glace
fondante ou dans la vapeur d'eau bouillante, les observe
et mesure les internœuds au moyen d'un cathétomètre,
devant lequel on a disposé verticalement le tube *réchauffé*
ou *refroidi* à la température ambiante. Le Mémoire ne
porte aucune trace de correction relative à la dilatation du
verre ni du cathétomètre; d'où il résulte que les nombres
de M. Wüllner doivent subir une correction additive très
faible pour les expériences à $0°$, mais notable pour celles
à $100°$. On arrive ainsi à $331^m,95$ environ pour V_0, et le
rapport $\dfrac{V_{100}}{V_0}$ donné par ce savant doit être multiplié par
$(1 + 100\lambda)$, λ étant le coefficient de dilatation du verre
employé ([2]).

Le résultat de M. Blaikley ([3]) est la moyenne de nombres un peu moins concordants que ceux de M. Wüllner,
obtenus en déterminant la longueur d'une concamération
dans un tuyau fermé de forme particulière.

Quant aux expériences de MM. Violle et Vautier ([4]),
elles ont l'avantage d'être directes; mais elles ont porté
sur de l'*air saturé d'humidité* à $12°,5$. Plusieurs raisons

---

([1]) Wüllner, *Annalen der Physik und Chemie*, 2ᵉ série, t. IV;
1878.

([2]) On a trouvé pour le nombre de vibrations par seconde du diapason:
2538,2 à 2542,8 (moyenne de 7 expériences : 2539) et pour la longueur
d'un internœud à $0°$: $65^{mm},29$ à $65^{mm},44$ (moyenne : $65,36$). La vitesse du
son à $0°$ a donc toujours été trouvée $> 331^m,5$.

([3]) Blaikley, *Philos. Mag.*, 5ᵉ série, t. XVI, p. 447, et t. XVIII,
p. 328; 1884.

([4]) Violle et Vautier, *Annales de Chimie et de Physique*, 6ᵉ série,
t. XIX, p. 306.

s'opposent à ce qu'on en déduise la vitesse du son dans l'air sec à $0°$.

D'une part, il n'est pas permis de considérer comme gaz parfait l'air saturé d'humidité, et la correction relative à sa compressibilité serait des plus incertaines. Il est vrai que l'expression $\frac{\varphi}{p\mu}$ qui figure dans la formule (9) ci-après peut se remplacer approximativement, d'après mes expériences, par $2\varphi - 1$ où la compressibilité n'apparaît plus ([1]). Mais cette substitution ne ferait que déplacer la difficulté, car nous ne savons pas jusqu'à quel point l'approximation est satisfaisante lorsqu'il s'agit d'un gaz saturé de vapeur ou même sursaturé comme il l'est forcément pendant la période de compression, si tant est que la liquéfaction n'intervienne pas du tout.

D'ailleurs le calcul de φ suppose applicable la loi de Dalton relative au mélange des gaz et des vapeurs saturantes (et même sursaturantes), et nous avons de fortes raisons de la croire en défaut.

D'autre part, le γ de cet air humide diffère de celui de l'air sec d'une quantité inconnue, mais certainement notable, ne serait-ce qu'en raison de l'atomicité de la vapeur d'eau ([2]).

MM. Violle et Vautier se sont contentés d'apporter au nombre expérimental, comme l'avait fait Regnault, la correction relative à la densité. Il est facile de voir que celles nécessitées par les observations précédentes seraient toutes deux additives.

([1]) Il suffit, à cet effet, de confondre y et s et de négliger u et $y's.10^{-4}$ vis-à-vis de s.

M. Jaeger est arrivé à une expression équivalente en faisant une série d'approximations dans un calcul assez long fondé sur la formule de Clausius (*Wied. Ann.*, t. XXXVI, p. 165).

([2]) L'introduction dans l'air d'un gaz parfait triatomique, sous une pression égale à celle de la vapeur d'eau, diminuerait la vitesse du son de $0^m,1$ à $0^m,2$.

Enfin la réduction de la vitesse à $0°$ a été faite en supposant γ indépendant de la température; l'erreur qui en résulte est $< 0^m,1$; mais elle est encore additive.

Le nombre calculé est donc trop faible et il est malheureusement impossible de savoir de combien.

D'ailleurs une erreur de $0°,1$ sur la température de l'air entraîne une erreur de 6^{cm} sur la vitesse du son. Peut-être ne suffit-il pas, pour connaître avec cette précision la température d'une colonne d'air de plus de 6^{km} de longueur, de placer un thermomètre à chacune de ses extrémités.

En résumé, les considérations précédentes permettent d'adopter pour la vitesse du son dans l'air sec à $0°$:
$$V_0 = 331^m,8$$ qui est la moyenne entre le nombre corrigé de Wüllner et celui de Blaikley. La suite de ces calculs montrera que, à moins d'erreur grave et insoupçonnée sur C, cette vitesse est approchée à moins de $0^m,2$ près.

Dans l'air sec à $100°$ Wüllner trouve pour la vitesse du son $387^m,7$. Si l'on tient compte de l'observation faite plus haut en même temps que de l'abaissement arbitraire de $\dot{V}_0$, on arrive à $387^m,8$ ([1]).

Wüllner a étudié aussi, avec un soin particulier, l'anhydride carbonique à $0°$ et à $100°$.

En appliquant à ses nombres les mêmes corrections qu'aux précédents, on trouve
$$V_0 = 259^m,3, \qquad V_{100} = 300^m,3.$$

Enfin il a encore déterminé la vitesse du son dans quelques autres gaz à $0°$. On en trouvera plus loin les valeurs.

Calcul de γ. — La vitesse du son dans un gaz parfait est donnée par la formule bien connue

$$(8) \qquad V = \sqrt{\frac{E_a}{\rho}} = \sqrt{\frac{p}{\rho}\gamma} = \sqrt{\frac{RT}{M}\gamma}.$$

([1]) Ce résultat s'accorde bien avec les expériences de Kundt, qui trouve, pour le rapport des longueurs d'onde dans l'air à $100°$ et à $0°$, $\sqrt{1,3665}$. Toutefois, il est bon de dire que les valeurs de V_{100} trouvées par ce savant oscillent entre $388,47$ et $389,64$.

On a généralement le tort de l'appliquer aux gaz réels; c'est ce qu'a fait Wüllner. Nous verrons, à propos de l'anhydride carbonique par exemple, l'importance de l'erreur commise.

Rappelons que si l'on désigne par μ le coefficient de compressibilité isotherme, on a ([1])

$$E_a = \gamma E_i = \frac{\gamma}{\mu}.$$

On en déduit, en tenant compte de la formule de définition (2)

$$(9) \qquad V = \sqrt{\frac{\gamma}{\rho\mu}} = \sqrt{\frac{RT}{M}\,\gamma\,\frac{\varphi}{p\mu}},$$

et en appliquant les formules (4) et (5)

$$(9\ bis) \qquad V = \sqrt{\frac{RT}{M}\,\gamma\,\frac{10^4 - y}{10^4 + (2e-1)z + (3e-1)(e-1)u}}.$$

Application à l'air. — Pour l'air, on conservera la formule (9), et l'on y fera $\dfrac{M}{\varphi_0} = 28,973$ et $\dfrac{\varphi_{100}}{\varphi_0} = 1,0003.$

On trouvera ainsi à

$$0° \dots\dots\dots\dots\dots \gamma_0 = 1,4051\ ([2])$$
$$100° \dots\dots\dots\dots\dots \gamma_{100} = 1,4051$$

([1]) On a donc

$$- v\left(\frac{\partial p}{\partial v}\right)_a = \frac{\gamma p}{1 - \frac{p}{\varphi}\frac{\partial \varphi}{\partial p}}$$

qui peut s'écrire

$$\frac{\partial p}{p} + \gamma\frac{\partial v}{v} - \frac{1}{\varphi}\frac{\partial \varphi}{\partial p}\,\partial p = 0.$$

Par suite, une transformation adiabatique, assez peu étendue pour que γ, y, z et u puissent être considérés comme invariables, obéira à la formule

$$\frac{1}{\varphi}\,pv^\gamma = \text{const.}$$

([2]) Ce résultat ne diffère pas pratiquement de celui de Röntgen (1,4053) obtenu en considérant l'air comme gaz parfait.

La dernière décimale n'a été conservée que pour mémoire; car, en admettant même que V_0 et V_{100} fussent connus à $0^m,1$ près, l'erreur s'élèverait encore à huit unités de cet ordre.

On peut dire néanmoins que *la variation de γ avec la température est très faible pour l'air* dans ces conditions.

Application à divers gaz. — L'application de la formule (9) à l'*anhydride carbonique* à $0°$ et à $100°$ donne

$$\gamma_0 = 1,320 \quad \text{et} \quad \gamma_{100} = 1,284.$$

Ainsi γ *diminue assez rapidement à mesure que la température s'élève,* c'est-à-dire que le gaz se rapproche de l'état parfait.

On voit donc que le γ *des gaz parfaits triatomiques ne saurait être* 1,333, comme on l'enseigne souvent.

Remarquons que cette diminution de γ s'accorde avec l'observation de Regnault : C augmente assez rapidement avec la température.

D'ailleurs l'augmentation de C a été constatée pour tous les gaz sur lesquels on a expérimenté; γ diminue donc pour ces mêmes gaz. Il y aurait exception, d'après quelques expériences, pour l'acide chlorhydrique : γ serait indépendant de la température (¹) et, par suite, C diminuerait par élévation de température. Ce fait serait intéressant à vérifier.

J'ai réuni dans le Tableau ci-après les valeurs de γ calculées comme il vient d'être dit pour les gaz étudiés par Wüllner (les valeurs de V_0 admises sont légèrement inférieures à celles adoptées par lui). J'ai inscrit, dans la colonne W, les nombres calculés par l'auteur lui-même au moyen de la formule des gaz parfaits (8), afin que l'on se rende bien compte de l'importance des corrections rela-

---

(¹) *Voir* notamment STRECKER, *Annalen der Phys. und Chemie,* 2ᵉ série, t. XIII, 1881, et t. XVII, 1882.

tives à la compressibilité et au volume moléculaire de chacun des gaz. (J'ai supprimé la 5ᵉ décimale qui est au moins superflue.)

Gaz.	V_s.	γ_0.	W.
Air........	331,8	1,405	1,4053
CO........	337,0	1,403	1,4032
CO^2........	259,3	1,320	1,3113
Az^2O.....	259,6	1,325	1,3106
AzH^3.....	415,9	1,337	1,3172
C^2H^4.....	315,8	1,250	1,2455

3. Calcul numérique de E.

1° *Cas de l'air*. — En admettant pour l'air, à 0° comme à 100°, la valeur C = 0,239 à laquelle nous avons été conduit plus haut, puis les valeurs de γ que nous venons de calculer, et en utilisant pour le reste les résultats de nos recherches antérieures, on trouve

$$\text{Air à } \; 0°........ \quad E = 418,6.10^5 \text{ C.G.S.}$$
$$\text{Air à } 100°........ \quad E = 417,6.10^5 \text{ C.G.S.}$$

Soit, en moyenne, $426^{km},2$.

Le premier nombre, déterminé dans les conditions les plus favorables, coïncide avec le résultat des meilleures déterminations directes.

On peut en conclure que les erreurs sur C et sur γ sont très faibles ou se compensent très sensiblement. Cette dernière hypothèse mérite de fixer l'attention, à cause des observations faites plus haut au sujet de la vitesse du son dans l'air sec à 0°. Pour que cette vitesse fût $331^m,1$ au lieu de $331^m,8$, il faudrait admettre sur C une nouvelle erreur par défaut de plus de 1 pour 100, ce qui porterait cette chaleur spécifique à 0,2415 au moins. Cela paraît bien difficile !

2° *Cas de l'anhydride carbonique*. — Le bien fondé de ces calculs se trouve confirmé par les résultats ci-dessus qui s'accordent entre eux et avec les nombres les plus probables mieux qu'on n'était en droit de l'espérer, d'après l'examen critique fait plus haut.

Essayons d'appliquer la même formule à l'anhydride carbonique, dans lequel la vitesse du son a été déterminée par le même auteur au moyen des mêmes appareils.

L'erreur sur γ doit être du même ordre que dans le cas de l'air, c'est-à-dire très faible. Quant aux chaleurs spécifiques, nous utiliserons successivement les nombres de Regnault et de Wiedemann (C_R, C_W). Voici les résultats :

t.	γ.	C_R.	C_W.	$E \, 10^{-5}$ C.G.S.	C calculé.
$0°$	$1,320$	$0,1870$	»	$431,6$	$0,193$
		»	$0,1952$	$413,5$	
$100°$	$1,284$	$0,2145$	»	$402,3$	$0,207$
		»	$0,2165$	$397,9$	

4. Calcul des chaleurs spécifiques vraies.

Il est clair que la discordance des valeurs de E (plus de 8 pour 100 d'écart!) doit être attribuée en majeure partie aux énormes difficultés que l'on rencontre dans la détermination de C.

En présence de ces résultats, on est conduit à penser que la méthode la moins incertaine pour connaître les chaleurs spécifiques des gaz consiste à la déduire des relations précédentes.

Je me bornerai, pour le moment, à signaler les valeurs obtenues pour l'anhydride carbonique, en admettant $E = 418,6 . 10^5$ C.G.S., et qui sont inscrites dans la dernière colonne du Tableau ci-dessus : C_0 est compris entre les nombres de Regnault et de Wiedemann, mais il n'en est pas de même de C_{100}.

Il est fort peu probable, en raison de ce qui a été dit plus haut, que l'erreur atteigne une unité sur la troisième décimale ([1]).

____

([1]) *Remarque.* — Le même calcul, appliqué à l'air, donnerait à 100° une chaleur spécifique un peu plus faible qu'à 0°, contrairement à ce

Lois relatives aux chaleurs spécifiques des gaz.

« Il ne peut exister, dit Regnault à la fin de son Mémoire sur ce sujet et après avoir examiné les lois proposées par Dulong et Petit, aucune loi rigoureuse entre les chaleurs spécifiques des corps et les poids atomiques, puisqu'on n'a égard ni à l'état physique ni à la température, qui ont une grande influence, variable d'un corps à un autre. »

En effet, d'après ces expériences, le produit $C\delta$ de la chaleur spécifique sous pression constante (prise entre 15° et 200° environ) par la densité par rapport à l'air varie de 0,233 à 0,304 pour les gaz simples ou formés sans contraction, et de 0,286 à 0,412 pour les gaz formés avec contraction d'un tiers.

Peut-être pourrions-nous aujourd'hui, grâce à la notion d'*états correspondants*, compléter les lois de Dulong et les préciser à la fois. C'est ce que je voudrais essayer de faire. Mais les renseignements certains ou suffisamment approchés sont si peu nombreux que je dois me borner, quant à présent, à examiner quelques gaz diatomiques ou triatomiques que j'ai classés ensemble à propos des volumes moléculaires (¹), c'est-à-dire qui obéissent à la loi des états correspondants : H, CO, AzO, CO^2, Az^2O, auxquels on peut joindre l'air, à défaut de ses composants.

Si l'on considère que les deux facteurs du produit $C\delta$

---

qui a lieu pour tous les gaz qui ont été étudiés (sous la pression atmosphérique). On arriverait à la même conclusion en appliquant aux résultats partiels de Regnault une correction relative à la détente d'autant plus grande, ainsi qu'il convient, que la chute de température est plus faible. Toutefois il est prudent de ne pas attacher trop d'importance à ce résultat qui peut être dû aux diverses erreurs commises de part et d'autre.

(¹) Voir *Recherches sur les gaz*, p. 79. Les doutes que j'ai exprimés à propos de l'hydrogène, de l'azote et de l'oxygène ne peuvent avoir ici aucune importance.

varient avec la température (C étant désormais une chaleur spécifique vraie et non moyenne) et avec la pression, on est amené à calculer à sa place la capacité calorifique moléculaire CM.

D'autre part, cette expression est, au point de vue physique, la somme de deux autres, $(C - c)M$ et cM, dont la deuxième seule dépend de l'atomicité. Il convient donc de porter spécialement l'attention sur celle-ci, dans l'espoir d'y trouver, en se laissant guider plus ou moins par d'anciennes remarques, un caractère simple de l'atomicité, que ne saurait présenter CM, et encore moins $C\delta$.

Principes. — Vu l'incertitude des diverses données relatives aux chaleurs spécifiques des gaz, on ne peut songer à établir directement une loi quelconque au moyen de ces données.

Nous allons voir qu'on peut, au contraire, justifier d'une manière très satisfaisante, en ce qui concerne les gaz énumérés ci-dessus, les deux principes suivants :

1° *La capacité calorifique moléculaire à volume constant* (cM) *est la même pour les gaz de même atomicité pris dans des états correspondants.*

2° *Cette capacité calorifique est proportionnelle au nombre n d'atomes contenus dans la molécule.*

Comme d'ailleurs $(C - c)M$ est le même pour tous les gaz du même groupe pris dans des états correspondants, quelle qu'en soit l'atomicité, le premier principe s'applique aussi bien à l'expression CM ; mais il n'en est pas de même du deuxième.

Première vérification. — La variation des chaleurs spécifiques avec la pression, quoique très faible dans les circonstances dont il s'agit, n'est pas négligeable en ce qui concerne les gaz faciles à liquéfier. Pour en tenir compte, autant que possible, j'ai examiné comment varie l'expression $\frac{cM}{n}$ avec le volume moléculaire φ, qui est le même pour les gaz du même groupe dans des états correspondants ([1]).

La formule (3) donne immédiatement $(C - c)M$. Les valeurs de γ calculées plus haut, d'après Wüllner, pour CO, CO^2, Az^{2}O et l'air à o°, pour l'air et CO^2 à 100°, permettent de calculer ensuite

$$cM = \frac{(C - c)M}{\gamma - 1}, \quad \text{et} \quad CM = (C - c)M + cM.$$

Or si l'on porte en abscisses les valeurs de $(1 - \varphi)\,10^4$, et en ordonnées celles de $\frac{cM}{n}$, on voit que les divers points obtenus peuvent se placer sur une courbe régulière. On trouve que cM peut être calculé avec une approximation satisfaisante dans les limites qui nous intéressent au moyen de la formule

$$(10) \qquad \frac{2cM}{n} = 4,98 - 130(1 - \varphi) + 3600(1 - \varphi)^2.$$

D'après cela, la capacité calorifique atomique $\frac{cM}{n}$ ne dépendrait de la qualité des atomes constituant la molécule qu'en ce sens que les divers gaz considérés doivent obéir à la loi des états correspondants. En dehors de cette considération, elle ne dépendrait que de la température et de la pression *réduites*, c'est-à-dire des données critiques du corps.

Il n'est guère facile de soupçonner jusqu'à quel point cette conclusion s'applique aux divers gaz di- et triatomiques, et encore moins de dire comment elle pourrait s'étendre à ceux d'atomicité plus élevée. Mais je suis très

---

([1]) Ce n'est là qu'un pis-aller auquel nous condamne l'absence de renseignements sur l'influence de la pression. Il est clair qu'il ne suffit pas que deux ou plusieurs gaz aient, dans certaines conditions, le même volume moléculaire pour qu'ils soient dans des états correspondants; mais l'erreur qui peut en résulter ici est sans importance.

porté à croire qu'elle s'applique aux gaz de même atomicité (premier principe).

Deuxième vérification. — Si les deux principes sont applicables, $\gamma - 1$ doit être inversement proportionnel à n. dans des conditions correspondantes, ou, ce qui revient à peu près au même d'après l'observation déjà faite, pour la même valeur de φ. A défaut des renseignements nécessaires pour le vérifier, on pourra examiner si $n(\gamma - 1)$ varie d'une manière continue avec φ.

Or, à part l'oxyde de carbone pour lequel la vitesse du son observée paraît un peu faible, on a très sensiblement, ainsi qu'on peut le voir dans le Tableau suivant,

$$(11) \qquad n(\gamma - 1) = 0,8 + 24,5(1 - \varphi).$$

Cette formule, appliquée à l'hydrogène, donne

$$\gamma = 1,388,$$

qui s'accorde bien avec le nombre de Röntgen

$$1,385 \pm 0,004.$$

Pour AzO, elle donne $1,412$, que nous adopterons.

J'ai inscrit, dans le Tableau ci-après, les valeurs de C calculées, d'une part, au moyen de celles de γ d'après Wüllner, et, d'autre part, (C') au moyen des γ donnés par la formule (11).

On voit que ces dernières s'accordent encore mieux que les autres avec les résultats de Regnault relatifs à l'air et à l'oxyde de carbone, surtout si l'on apporte à ce dernier la correction relative à la détente dont j'ai montré la nécessité pour l'air, et qui est très probablement applicable ici.

J'ai calculé aussi, par le même moyen, γ et C pour CO^2 à $200°$.

Gaz.	$t.$	$(1-\varphi)10^4.$	$(C-c)M.$	$\gamma.$	γ calculé.	C.	C observé.	C'.
H.................	0	— 10	1,988	»	1,388	»	3,41	3,52
Air...............	100	+ 1	»	1,404	1,401	0,2384	0,239	0,2395
CO...............	0	+ 4	1,997	1,403	1,405	0,248	0,245	0,247
Air...............	0	4	»	1,405	1,405	0,2390	0,239	0,2390
CO^2...............	200	8	1,998	»	1,273	»	0,240	0,212
AzO	0	10	1,999	»	1,412	»	0,231	0,228
CO^2...............	100	20	2,010	1,284	1,283	0,207	0,214-216	0,207
CO^2...............	0	65	2,057	1,320	1,320	0,193	0,187-195	0,193
Az^2O.............	0	73	2,066	1,325	1,326	0,191	»	0,191

Les nombres de Regnault relatifs à l'anhydride carbonique indiquent une influence de la température beaucoup plus grande que celle à laquelle je suis conduit. Cela tient en grande partie, ainsi que je l'ai dit plus haut, à la manière de calculer les C vrais. Afin de comparer plus directement les résultats de mes calculs à ceux des expériences de Regnault, j'ai déterminé, au moyen de C_0, C_{100} et C_{200}, une formule parabolique représentant la chaleur spécifique moyenne entre $0°$ et $t°$

$$C_{0,t} = 0,193 + 92.10^{-6}\,t - 15^{-8}\,t^2,$$

puis j'ai calculé au moyen de celle-ci les chaleurs moyennes entre les limites de température des expériences de Regnault. Voici le résultat de la comparaison :

Limites.		Calculé.	Regnault.
Entre $15°$ et $100°$		0,202	0,2024
Entre 12 et 200		0,206	0,2163
Entre − 30 et + 10		0,191	0,1843

On peut considérer comme confondus les deux premiers nombres, mais l'écart des seconds atteint 5 pour 100, et celui des derniers 3,5 pour 100. Je me contenterai de faire remarquer que ceux qui coïncident correspondent à l'expérience qui présente le moins de difficultés.

Il ne faut pas, assurément, attacher trop d'importance aux quelques vérifications plus ou moins imparfaites qui précèdent. Mais il me semble qu'elles laissent nettement cette impression que *la notion d'états correspondants est appelée à jeter quelque jour sur la question si confuse des chaleurs spécifiques des gaz.* Il semble bien acquis, en particulier, que le γ de CO^2 et de Az^2O varie linéairement avec φ dans de larges limites; il en est probablement de même des divers gaz triatomiques sous une même pression réduite.

On voit, en outre, que le γ des gaz diatomiques parfaits est 1,4, et celui des gaz triatomiques parfaits :

$$1 + \frac{4}{15} = 1,267.$$

Conséquence relative à la vitesse du son.

On voit aussi que, pour les gaz auxquels s'applique la formule (11) γ diminue lorsque la température s'élève, et augmente avec la pression, du moins dans les limites envisagées ici. C'est ainsi que pour l'air à $0°$, γ augmente de $0,0033$ quand on passe de 1 à 2 atmosphères.

Si l'on se reporte aux formules (9) et (9 *bis*) relatives à la vitesse du son, on trouve que le facteur $\frac{\varphi}{p\mu}$ diminue en même temps de $0,0007$, de sorte que (contrairement à ce que j'ai énoncé naguère à cause d'un renseignement erroné sur γ) la *vitesse du son augmente* de $\frac{8}{10000}$ environ de sa valeur quand on passe de 1 à 2 atmosphères.

Ce résultat s'accorde parfaitement avec celui obtenu par M. Kundt [1] bien que les limites des expériences de ce savant fussent trop rapprochées pour que l'on pût affirmer la réalité de l'augmentation moyenne observée ($\frac{12}{10000}$ entre 40^{cm} et 160^{cm} de mercure).

M. Witkowski [2], dont les récentes expériences ont été poursuivies à $0°$ jusqu'à 120 atmosphères, trouve que la vitesse du son augmente de 7 pour 100 de sa valeur entre 1 et 100 amosphères. Selon lui, l'augmentation entre 1 et 2 atmosphères serait légèrement inférieure à celle calculée plus haut ($\frac{12}{100000}$).

---

[1] *Poggendorf Annalen*, vol. CXXXV, p. 552.
[2] *Bulletin international de l'Académie des Sciences de Cracovie*, mars 1899.

IV.

L'EXPÉRIENCE DE LORD KELVIN ET JOULE.

1. FORMULE.

Considérons l'unité de masse d'un gaz se dilatant de t^0 à $(t + \partial t)$ sous la pression constante p. La partie de la chaleur absorbée $(C - c)\partial t$ représente, d'une part, le travail externe $pv\alpha\,\partial t$, et, d'autre part, un certain travail interne $\partial \mathfrak{C}_l$ que nous allons évaluer au moyen de l'expérience de Lord Kelvin et Joule relative à la détente dans le vide

$$(12) \qquad \mathrm{E}(C - c)\partial t = pv\alpha\,\partial t + \partial \mathfrak{C}_l.$$

Soit θ l'abaissement de température correspondant, dans cette expérience, à une diminution de pression $(p_0 - p_1)$, et k le coefficient moyen d'abaissement dans cet intervalle, et à la température de l'expérience

$$\theta = k(p_0 - p_1).$$

L'énergie interne de ce gaz a augmenté de

$$\mathfrak{C}_l = \mathrm{E}C\theta + p_0 v_0 - p_1 v_1,$$

v_0 étant le volume initial de cette masse de gaz unité, et v_1 son volume ramené à la température initiale sous la pression p_1.

On aurait donc, pour une détente infiniment petite $-\partial p$,

$$(13) \qquad \partial \mathfrak{C}_l = -\mathrm{E}Ck\,\partial p - \partial(pv).$$

Exprimons $\partial(pv)$ au moyen du coefficient de compressibilité μ :

$$\partial(pv) = v(1 - p\mu)\,\partial p,$$

et portons la valeur (13) de $\partial \mathfrak{C}_l$ dans l'expression (12) en tenant compte de ce que, dans celle-ci, la détente a pour valeur $-p\beta\,\partial t$. Nous obtenons, en supprimant ∂t et remplaçant z par $p\beta\mu$,

$$(14) \qquad E(C - c) = (ECk + v)p\beta.$$

Remplaçons enfin le premier membre par sa valeur $pv\alpha\beta T$ tirée de l'équation (1) et supprimons le facteur $p\beta$. Il vient

$$(15) \qquad ECk = v(\alpha T - 1).$$

2. GAZ PARFAITS.

Cette équation montre que pour qu'un gaz ne donne lieu à aucun phénomène thermique dans l'expérience de Lord Kelvin et Joule ($k = 0$), dans certaines conditions, il faut et il suffit que $\alpha T = 1$ dans ces conditions, et réciproquement.

Or pour un gaz qui jouirait de cette propriété dans toutes les conditions, on aurait

$$\frac{\partial v}{v} = \frac{\partial T}{T}, \qquad \text{d'où} \qquad \frac{v}{v_0} = \frac{T}{T_0},$$

le volume v_0 correspondant à la température T_0, celle de la glace fondante par exemple.

On voit donc que non seulement un pareil gaz suivrait la loi de Gay-Lussac, mais qu'il aurait nécessairement pour coefficient de dilatation (¹) l'inverse de la température thermodynamique de la glace fondante.

Remarques. — Cette double proposition est parallèle à cette autre que M. Pellat a démontrée il y a plusieurs années (²) : « Un gaz qui obéit à la loi de Joule suit aussi la loi de Charles ($\beta T = 1$) et réciproquement. »

(¹) Il s'agit ici du coefficient usuel $\dfrac{1}{v_0}\dfrac{\partial v}{\partial t}$.

(²) Leçons professées à la Sorbonne en 1895-96, p. 212. M. H. Poincaré, au contraire (*Cours de Thermodynamique*, p. 154), insiste sur ce que les lois de Mariotte et de Gay-Lussac réunies n'entraînent pas la loi de Joule.

Le rapprochement de ces deux énoncés donne lieu à plusieurs remarques telles que la suivante : un gaz qui obéit à la loi de Joule et ne donne aucun effet thermique dans l'expérience de Lord Kelvin et Joule suit à la fois les lois de Charles, Gay-Lussac et de Mariotte.

Théoriquement, ces dernières lois sont indépendantes l'une de l'autre, et il faut définir les gaz parfaits (fictifs, bien entendu) au moyen de la loi de Mariotte d'une part, et de l'une des lois précédentes d'autre part, ou mieux l'état parfait des gaz réels par $\mathcal{A} = 0$, c'est-à-dire

$$\frac{\partial(pv)}{\partial p} = 0,$$

avec l'une des relations

$$\alpha T = 1, \qquad \beta T = 1, \qquad k = 0,$$

ou bien

$$\frac{\partial U}{\partial v} = 0 \qquad \text{(loi de Joule)}.$$

Mais, si l'on se place au point de vue expérimental, mes résultats relatifs aux volumes moléculaires permettent de réduire, dans la pratique, ces deux conditions à une seule.

En effet, pour que $\alpha T = 1$, il faut et il suffit que $\frac{\partial \varphi}{\partial \chi} = 0$, et l'expérience montre que cette condition est remplie en même temps que $\mathcal{A} = 0$.

Il suffit donc, pratiquement, pour qu'un gaz réel se trouve dans l'état parfait, qu'il satisfasse à l'une des conditions

$$\mathcal{A} = 0, \qquad \alpha T = 1, \qquad \text{ou} \qquad k = 0$$

tandis que les conditions

$$\beta T = 1 \qquad \text{et} \qquad \frac{\partial U}{\partial v} = 0$$

ne sont pas suffisantes.

L.

50 LEDUC.

3. Applications numériques.

Les résultats relatifs aux volumes moléculaires sembleraient indiquer que pour l'hydrogène, comme pour tous les autres gaz, $\alpha T > 1$. Mais cette indication repose sur plusieurs hypothèses, et notamment sur ce que ce gaz appartient à la série normale (¹). Il convient donc de ne pas y insister.

Je me suis proposé de calculer l'abaissement de température $\tau = kp$ produit par une détente opérée entre les pressions $2p$ et p, cette dernière n'étant d'ailleurs autre chose, dans les applications numériques qui vont suivre, que la pression atmosphérique, sous laquelle nous connaissons γ pour un certain nombre de gaz, en même temps que α et μ.

Si l'on remplace, à cet effet, dans la formule (15), C par $\frac{\gamma}{\gamma - 1}(C - c)$, puis $E(C - c)$ par sa valeur $pv\alpha\beta T$ tirée de (1), il vient

$$(15\,bis) \qquad \tau = kp = \frac{\gamma - 1}{\gamma} T \frac{p\mu}{(\alpha T)^2}(\alpha T - 1).$$

J'ai appliqué cette formule à divers gaz dont le γ a été calculé plus haut et notamment à l'anhydride carbonique et à l'air dans les conditions des expériences de Lord Kelvin et Joule.

Pour l'air, $p\mu$ et αT ont été calculés par la règle des mélanges au moyen des données relatives à l'azote et à

(¹) On sait que Lord Kelvin et Joule, après bien des essais contradictoires, ont trouvé que l'hydrogène donne lieu à une élévation de température très faible. Il en résulterait que $\alpha T \leqq 1$, c'est-à-dire que le coefficient α (usuel), à la température et sous la pression ordinaires, serait très sensiblement 0,00366. Le coefficient moyen α entre 0° et 100° pourrait être 0,003661, conformément aux expériences de Regnault; mais le coefficient moyen β serait alors 0,003665 au lieu de 0,003668 trouvé par ce dernier.

l'oxygène. L'erreur qui peut en résulter est probablement inférieure à celle qui provient de la présence de la vapeur d'eau dans l'air soumis à l'expérience.

Le γ a été calculé pour le gaz carbonique à 20° et à 91°,5. au moyen de la formule (11), qui paraît suffisamment justifiée en ce qui concerne ce gaz.

J'ai rapproché de mes résultats ceux obtenus par M. Bouty ([1]) en appliquant les formules de Clausius (τ_1) ou de Van der Waals (τ_2).

Gaz.	t.	γ.	$p\mu$.	αT.	τ calculé.	τ observé.	τ_1.	τ_2.
CO²	20°	1,307	1,0051	1,0184	1,22	1.151	1,216	1,149
»	91,5	1,285	1,0023	1,0085	0,68	0,703	0,703	0,817
Air	20	1,404	1,0001	1,0031	0,26	0,262	»	»
»	91,5	1,402	1,0001	1,0005	0,06	0,206	»	»
CO	0	1,405	1,0005	1,0029	0,23	»	»	»
C²H⁴ ..	»	1,250	1,0078	1,0278	1,45	»	1,361	»
CO²	»	1,320	1,0065	1,0239	1,52	»	1,321	»
Az²O ..	»	1,325	1,0074	1,0270	1,72	»	»	»
AzH³ ..	»	1,337	1,0147	1,0543	3,40	»	»	»

Il n'est pas douteux que le nombre expérimental relatif à l'air à 91°,5 ne soit beaucoup trop fort; car τ doit s'annuler vers 120°. Il suffit d'ailleurs de se rendre compte des énormes difficultés de semblables expériences pour admettre qu'une erreur de 0°,14 n'est pas invraisemblable, surtout à une température élevée.

Quant à l'écart des divers nombres calculés entre eux, il tient en partie à l'inexactitude des diverses données numériques, mais surtout au rôle important joué dans les calculs par les dérivées de fonctions empiriques.

Il est clair, en effet, que, lors même que les formules de Clausius ou de Van der Waals représenteraient très con-

---

[1] *Journal de Physique*, 2ᵉ série, t. VIII, p. 20. Les coefficients de ces formules ont été calculés par M. Sarrau d'après les expériences de M. Amagat.

venablement v en fonction de p et T dans l'intervalle où elles sont appliquées ici, les diverses dérivées premières et surtout les dérivées secondes peuvent être fort erronées.

De même, dans mon propre calcul, $\frac{\partial \varphi}{\partial \chi}$ peut présenter une erreur importante, bien que φ soit très convenablement représenté, ainsi que je l'ai montré ailleurs, au moyen des fonctions empiriques que j'ai adoptées.

4. Lois expérimentales de Lord Kelvin et Joule.

L'abaissement τ de la température dans l'expérience de Lord Kelvin et Joule a semblé, autant qu'on en pouvait juger, proportionnel à la chute de pression $(p_0 - p_1)$ et en raison inverse du carré de la température absolue T de l'expérience.

Les nombres que j'ai calculés plus haut relativement à l'anhydride carbonique à $0°$ et à $91°,5$ montrent que le rapport $\frac{T'^2}{T^2}$ est égal, dans ce cas, aux $\frac{9}{11}$ de $\frac{\tau}{\tau'}$. La loi relative à la température est encore bien plus gravement en défaut dans le cas de l'air. Elle n'a plus aucun sens si l'une des températures T ou T' est celle où le gaz étudié suit la loi de Mariotte sous la pression moyenne considérée, puisqu'alors $\tau = 0$ ou $\tau' = 0$.

Quant à la loi des pressions, on peut écrire, en confondant $\frac{\partial y}{\partial \chi}$ et $\frac{\partial z}{\partial \chi}$ qui sont en effet très voisins l'un de l'autre d'après mes expériences, à moins que le gaz ne soit trop près des conditions où il peut se liquéfier, et en négligeant des termes très petits, ou des facteurs très voisins de 1 :

$$\tau = k\,p = \frac{\gamma - 1}{\gamma}\,T\chi\,e\,\frac{\partial z}{\partial \chi}\,\frac{1 + ez}{\left(1 + e\chi\,\frac{\partial z}{\partial \chi}\right)^2}.$$

Remplaçant partiellement χ par $\frac{\theta}{T}$ et e par $\frac{p}{\pi}$, π étant la pression critique en atmosphères, on a, pour l'abaissement de température causé par une détente d'un centimètre de mercure (qui a été pris comme unité de pression dans ce qui précède) :

$$k = \frac{\gamma - 1}{\gamma} \frac{\theta}{\pi} \frac{\partial s}{\partial \chi} \frac{1 + es}{\left(1 + e\chi \frac{\partial s}{\partial \chi}\right)^2},$$

La pression ne figure plus que dans le dernier terme, dont l'importance est très secondaire. D'ailleurs, γ ne varie pas beaucoup avec la pression dans les conditions de l'expérience. On voit donc que k est sensiblement indépendant de la pression, conformément aux conclusions de Lord Kelvin et Joule.

Post-scriptum. — *Note sur les poids atomiques de l'hydrogène et de l'oxygène et la loi du mélange des gaz.*

Ainsi que je l'ai exposé dans la première partie de ce Travail ([1]) les deux séries d'expériences au moyen desquelles j'ai déterminé le rapport des poids atomiques de l'oxygène et de l'hydrogène ont conduit à des résultats très voisins. La méthode directe (synthèse de l'eau, en poids) a donné, en effet, 15,881, et la méthode indirecte (densités) : 15,868.

J'ai fait observer que d'après l'examen des diverses causes d'erreur possible, le premier nombre devait être approché par excès, le deuxième, au contraire, par défaut, et j'ai signalé comme étant la cause d'erreur la plus grave (2ᵉ cas) l'inexactitude de la loi du mélange des gaz ([2]).

([1]) *Recherches sur les gaz;* 1898, p. 44 à 51.
([2]) *Loc. cit.,* p. 50.

Admettant alors comme valeur exacte du rapport cherché 15,88, j'en ai déduit que le mélange d'hydrogène et d'oxygène ($H^2 + O$) effectué à $0°$ sous la pression constante de l'atmosphère devait donner lieu à une augmentation de volume de $\frac{1}{4000}$, ce qui correspond à une augmentation de pression de $0^{mm},19$ de mercure, si les gaz, pris à la pression atmosphérique, sont mélangés à volume constant. C'est à quelques centièmes de millimètre près ce qui vient d'être obtenu par MM. P. Sacerdote et D. Berthelot([1]).

Leurs expériences confirment donc d'une manière remarquable mes résultats. Si l'on adopte pour le poids atomique de l'oxygène le nombre 16, celui de l'hydrogène est 1,0076 à moins de $\frac{1}{10000}$ près, ainsi que je l'ai annoncé.

([1]) *Comptes rendus*, 27 mars 1899.

FIN.

TABLE DES MATIÈRES.

3321 Paris. — Imprimerie GAUTHIER-VILLARS, quai des Grands-Augustins, 55.